AF295811

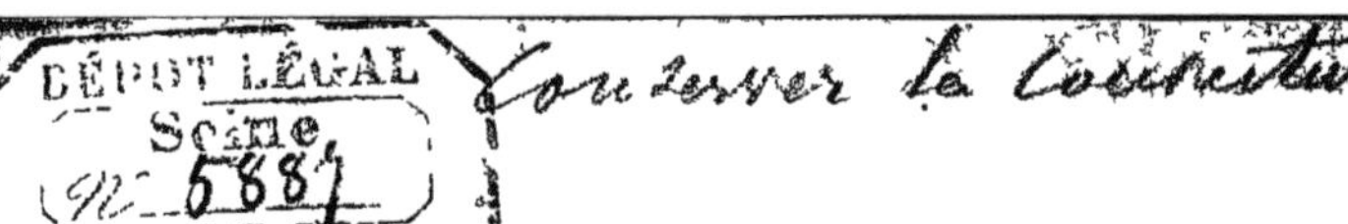

D'UNE RÉFORME

A INTRODUIRE

DANS L'ÉTUDE THÉRAPEUTIQUE

DES

EAUS MINÉRALES NATURELLES

I. Remarques critiques sur les principaux traités des eaux minérales.

II. La vraie méthode naturelle.

III. Application de la méthode à l'étude des sources de Carlsbad, Tœplitz, Lippspringe, Bondonneau et aux bains de mer,

PAR

LE DOCTEUR ESCALLIER

Ancien interne-lauréat des hôpitaux de Paris

PARIS

CHEZ J.-B. BAILLIÈRE ET FILS

LIBRAIRES DE L'ACADÉMIE IMPÉRIALE DE MÉDECINE

RUE HAUTEFEUILLE, 19

1861

D'UNE RÉFORME A INTRODUIRE

DANS

L'ÉTUDE THÉRAPEUTIQUE

DES EAUX MINÉRALES NATURELLES

Dans un intéressant travail publié il y a vingt-cinq ans (1), M. le docteur Gastier, médecin à Thoissey, que nous avons tous plus récemment connu à Paris, ne craignait pas de dire, en parlant des notions très-vagues d'après lesquelles se déterminaient alors les médecins pour le choix des eaux minérales auxquelles ils envoyaient leurs malades : « Le public intelligent se montre bon juge de nos actions lorsque, qualifiant du nom de *débarras* l'envoi de nos malades aux eaux, il exprime le peu de fonds que nous faisons nous-mêmes sur les résultats de cette nouvelle et dernière médication, aux chances de laquelle le hasard n'a pas moins de part que la science du médecin. »

Le médecin qui s'exprimerait aujourd'hui comme le faisait avec raison alors M. Gastier, dépasserait les bornes d'une juste critique. Aussi sommes-nous loin de nous associer aux affirmations au moins singulières du rédacteur en chef d'un journal qui s'intitule dévoué aux intérêts matériels et moraux du corps médical. « Nos consultants célèbres ont, dit-il, une prédilection si marquée pour telle ou telle source, qu'un malade étant donné et le consultant connu, cinq fois sur six, j'oserais parier que ce malade ira passer la saison des eaux... » Il n'y a pas « une signification bien précise à tirer du choix de nos confrères pour telle ou telle source... Celui-

(1) *Union médicale*, 1856.

1

ci se détermine en vertu de ses croyances physiologiques ; celui-là suit l'impulsion de ses doctrines chimiatriques ; quelques-uns se sont bien trouvés, eux et leurs proches, de l'usage de telle eau, et ils lui ont voué une vive reconnaissance... » et un dernier motif que nous supprimons.

La vérité est que, depuis quelques années, une impulsion considérable a été imprimée aux recherches et aux travaux sur les eaux minérales : d'une part, de nouveaux établissements ont été créés ; les anciens ont été mieux aménagés et pourvus de grands perfectionnements matériels, dus à l'union de la science et de l'industrie ; des appareils nombreux ont été inventés pour varier les modes d'application de l'eau et arriver à déterminer le plus efficace, eu égard aux diverses affections qu'il s'agit de traiter ; d'autre part, une société scientifique a été formée, une presse spéciale fondée, les ouvrages et les auteurs se sont multipliés, l'Académie elle-même s'est émue et a mis au concours diverses questions relatives aux eaux minérales, et le rapporteur de la commission académique constate, en 1860, que « les études hydrologiques tendent *à se relever ; au lieu de ces écrits *sans valeur, dont le nombre ne compensait pas la stérilité,* et qui encombraient la science, on peut citer avec honneur des ouvrages récents qui attestent de sérieux efforts et dont quelques-uns sont de véritables services rendus (1). »

Mais est-il résulté de tout ce mouvement, de ces créations variées, de ces nouveaux ouvrages un véritable progrès dans l'étude et la connaissance de l'hydrologie minérale au point de vue de la médecine pratique ? Et, nous servant des expressions si justes de M. le rapporteur, nous demanderons si la pratique thermale a été véritablement amenée aux saines méthodes de l'observation clinique, s'il est vrai que la spécificité d'action et l'appropriation thérapeutique de chaque es-

(1) Rapport de M. Tardieu. 1860.

pèce d'eau minérale tendent réellement à se substituer à l'u-
niversalité banale des applications empiriques, si la recherche
patiente des indications et contre-indications, tant négligée
jusqu'ici, se fait sérieusement et avec succès.

Rappelons d'abord ce que disait, à propos de cette même
question, un autre rapporteur de la même académie, M. De-
paul : « Si l'on demandait à beaucoup de médecins sur
quelles données ils se fondent pour préférer certains établissements à certains autres, pour choisir dans chacun d'eux
une source, à l'exclusion de sa voisine, qui a souvent la plus
grande analogie de température et de composition chimique,
ils seraient certainement embarrassés pour répondre d'une
manière satisfaisante, et, au lieu de résultats précis, déduits
de faits rigoureusement observés, on les verrait forcés de s'en
tenir à des opinions *vagues trop souvent fondées sur les
croyances populaires* (1).

Maintenant voici notre réponse.

Nous nous proposons de démontrer dans ce travail :

1° Que les ouvrages les plus récents et les plus complets
qui ont été publiés sur les eaux minérales, quel que soit leur
mérite sous certains rapports particuliers, demeurent à peu
près stériles au point de vue de la médecine pratique, en ce
sens qu'ils n'ont pas ou ont mal étudié leurs propriétés physiologiques, et que, à l'égard de leurs propriétés thérapeutiques, ils n'ont rien substitué de positif ni de vraiment
scientifique à la banalité connue des applications empiriques;

2° Que ce triste résultat est dû à l'emploi de méthodes vi-
cieuses et souvent à l'absence de toute méthode dans l'étude
médicale des eaux minérales, tandis qu'il en existe une vraiment scientifique et d'une application facile pour diriger
dans cette étude;

3° Que plusieurs médecins, en Allemagne surtout, ont

(1) Rapport sur les prix. 1855.

suivi cette méthode pour l'étude de certaines sources, et nous prouverons, en analysant quelques-uns de leurs travaux, qu'il est possible d'arriver à la connaissance vraiment médicale des nombreuses sources minérales répandues sur la surface du globe et à constituer ainsi la thérapeutique hydro-minérale.

I

Les ouvrages les plus importants qui ont été publiés sur l'hydrologie médicale sont : le *Manuel des eaux minérales naturelles* de MM. Patissier et Boutron-Charlard, le *Guide* de M. C. James, le *Traité thérapeutique des eaux minérales* par M. Durand-Fardel, le *Traité général des eaux minérales* par MM. Pétrequin et Socquet, le *Dictionnaire des eaux minérales* dû à la collaboration de MM. Durand-Fardel, Jules François et Lebret, enfin le traité des *Principales eaux minérales de l'Europe* par M. Rotureau.

I. La plupart de ces ouvrages, sauf toutefois celui de M. Durand-Fardel et celui de MM. Pétrequin et Socquet, laissent peu à désirer au point de vue de l'histoire naturelle des eaux ; le *Dictionnaire* et le *Traité* de M. Rotureau nous offrent au contraire les renseignements les plus complets au point de vue de la géologie, de la climatologie, de la topographie, de l'aménagement des sources, de leurs qualités physiques et de leur composition chimique.

II. Mais si nous arrivons à l'étude médicale des eaux, nous constatons d'abord que deux auteurs seulement, parmi ceux que nous avons nommés, essaient une étude à part de leurs propriétés physiologiques : ce sont MM. Pétrequin et Socquet et M. Rotureau. Aussi, lisons-nous dans l'introduction des premiers (p. 11) : « Nous avons cherché à combler une regrettable lacune en créant, pour ainsi dire, la *physiologie des eaux minérales*, qui était à peu près méconnue avant nous, du moins comme corps de doctrine, ét dont l'intervention est pourtant si nécessaire pour bien apprécier l'effet des médications thermales. »

Ces messieurs ont *créé*, disent-ils, la physiologie des eaux. L'expression paraîtra de prime abord quelque peu ambitieuse ; voyons néanmoins comment ils ont procédé à cette importante création.

Ils nous disent qu'ils ont expérimenté sur eux-mêmes les principales sources minérales afin d'en connaître quelques effets et de contrôler les renseignements qui leur ont été communiqués sur leur action, et qu'ensuite ils ont complété les résultats ainsi obtenus par l'observation des phénomènes éprouvés par les malades. M. Rotureau, venu après ces messieurs, fait la même déclaration.

Nous trouvons dans ces paroles les vrais éléments d'une bonne étude physiologique des eaux médicinales ; mais la vie d'un homme, de deux hommes pourrait-elle suffire à une pareille création ? Quoi ! vous nous parlez de plus de deux cents sources, dont cinquante au moins sont fort importantes, et vous dites les avoir expérimentées sur l'homme sain, et un certain nombre d'entre elles sur vous-mêmes ? Où donc sont vos études, vos procès-verbaux d'expérimentation ? Avez-vous pu seulement séjourner au delà de quelques jours dans le plus grand nombre des établissements que vous décrivez, au delà de quelques semaines dans les plus importants ?

M. Rotureau, plus modeste, se contente de parler des *principales* eaux minérales ; mais il n'a pu davantage les expérimenter réellement ni sur lui-même ni sur d'autres d'une manière vraiment sérieuse et qui pût conduire à des résultats positifs, quand on considère le nombre encore considérable des sources qu'il a dû visiter dans l'espace de peu d'années. Il a, nous le voulons bien, recueilli avec le plus de soin possible des renseignements sur les effets observés fortuitement sur l'homme en santé et ceux qui résultent de l'observation journalière du malade, c'est-à-dire des notions de pur empirisme. Mais pas un seul procès-verbal d'expérimentation instituée méthodiquement sur l'homme en santé ne se trouve dans les deux gros volumes qu'il a donnés au public.

Nous ne voulons pas dire que les renseignements obtenus par l'observation des malades soient à négliger dans le tableau et dans l'appréciation des effets physiologiques d'une eau minérale ; mais d'abord ils ne sont qu'un élément dans ce tableau ; et puis combien n'est-il pas facile souvent de prendre ici pour un effet pathogénétique une modification organique ou fonctionnelle produite par l'agent médicinal en voie d'opérer la guérison du malade et par conséquent un effet qui se lie naturellement à l'action curative, sous la forme de dérivation ou sous une autre ! On comprend d'ailleurs que la présence d'un état maladif soit susceptible de modifier de mille façons les effets purs qu'une substance médicamenteuse doit déterminer sur un sujet mis à l'abri de toute influence pathologique.

Si nous arrêtons ici notre critique commune aux essais physiologiques de M. Rotureau et à ceux de MM. Pétrequin et Socquet, nous en avons une autre plus grave à adresser à ces derniers ; seulement ces messieurs pourront, s'ils le veulent, la renvoyer à l'Académie de médecine, qui, en proposant des sujets de prix, pour lesquels ils ont concouru avec le plus grand succès, a déterminé la forme de leur travail. Ces deux questions, posées à deux années de distance, étaient les suivantes :

« 1° Déterminer par l'observation médicale l'action physiologique et thérapeutique des eaux minérales *alcalines*, et préciser nettement les cas de leur application.

« 2° Caractériser les eaux minérales *salines ;* indiquer les sources qui peuvent être rangées dans cette classe, déterminer par l'observation médicale leurs effets physiologiques et thérapeutiques, et préciser les cas de leur application dans le traitement des maladies chroniques. »

Il résulte de ces questions ainsi posées : 1° qu'il existerait, médicalement parlant, une classe d'eaux minérales alcalines, et une classe d'eaux minérales salines ; 2° que les eaux qui constitueraient chacun de ces groupes seraient unies entre elles par une série de propriétés physiologiques et thérapeutiques communes qu'il s'agit de déterminer. Or, voyez de suite où cela conduit : nous trouvons réunis, nous ne disons pas dans le même ordre, mais dans le même sous-ordre ou genre : 1° *eaux alcalines sodiques*, Vichy, dont l'eau renferme 4 à 5 grammes de bicarbonate de soude par litre, et Soultzmatt, qui n'en contient que 0,067 (1); 2° *salines chlorhydratées*, Hombourg, où l'on compte 10 à 15 gr. de chlorure de sodium, et Luxeuil, qui en a seulement 0,075 (2); 3° *alcalines mixtes*, les sources de Néris, Royat, Mont-Dore, Évian (3).

Or, tout le monde sait ou peut apprendre, d'après leurs propriétés empiriquement reconnues, quelle différence considérable d'action sépare radicalement ces quatre dernières sources les unes des autres ; et d'un autre côté, à qui fera-t-on croire que, en oubliant même ce que l'expérience nous a appris sur les effets si divers des eaux de Vichy et de Soultzmatt, des sources de Hombourg et de Luxeuil, une aussi grande différence dans la proportion d'une substance active, ajoutée aux variations des autres éléments chimiques, n'exclut pas toute similitude et même toute analogie dans leur action physiologique et thérapeutique?

Et maintenant, comment bâtir sur un pareil fonds? quelle confiance pouvons-nous ajouter à des études reposant sur

(1) Pétrequin et Socquet, *loc. cit.*, p. 72.
(2) *Ibid.*, p. 260.
(3) *Ibid.*, p. 73.

une telle base? Nous voyons bien que, pour tourner la difficulté, nos lauréats qui ne pouvaient en conscience blâmer l'Académie, pour eux si bonne mère, ont choisi dans les groupes une source type, comme Vichy parmi les alcalines sodiques, Pougues et Contrexeville parmi les calciques magnésiennes, Condillac et Châtillon parmi les sources calciques, Néris parmi les mixtes. Mais ici encore nous ne pouvons point ne pas répéter : Si Néris est type des sources alcalines mixtes, de ses propriétés doivent alors se déduire celles de Royat, du Mont-Dore, d'Évian, rangées dans la même classe, c'est-à-dire un véritable contre-sens ou non-sens médical.

Ajoutons que, le plus souvent, nos auteurs s'emparent de la substance qui leur paraît la plus importante dans la source type, l'étudient à part, toujours à la lumière de faits purement empiriques, et concluent de cette étude à celle de l'eau, où plutôt du groupe d'eaux où cette substance se rencontre. Bien grossière erreur !

Nous ne pouvons méconnaître, sans doute, les analogies qui existent entre certaines eaux minérales au point de vue de leur action empiriquement reconnue sur l'économie animale ; nous ne voulons même pas nier que, pour quelques-unes d'entre elles, cette analyse ne soit en rapport avec la prédominance d'une substance médicamenteuse qui leur est commune ; mais nous reconnaissons comme une vérité plus positive, heureux de nous trouver ici d'accord avec M. Durand-Fardel, « qu'il n'existe que des relations très-imparfaites entre la composition chimique des eaux minérales et leur action sur l'organisme humain. » — « Vous verrez, ajoute-t-il un peu plus loin, qu'en prenant pour base de classification le principe chimique dominant, nous sommes exposés à rencontrer des eaux où la prédominance de plusieurs principes à la fois nous jette dans une grande incertitude , d'autres si faiblement minéralisées qu'il semble difficile de les rattacher à des divisions basées sur une composition chimique dont l'absence semble surtout les caractériser (1). »

La conclusion de tout ceci est que, en dépit de l'analogie qui paraît rattacher les unes aux autres certaines sources minérales, chacune d'elles constitue bien réellement un médicament spécial parfaitement distinct de ses analogues et surtout de ses analogues au point de vue chimique, et qu'elles doivent être étudiées chacune en particulier ; ajoutons qu'une classification naturelle ne pourra être établie que par l'étude comparative de leur action complète sur l'organisme sain et malade, et qu'une classification chimique est non-seulement artificielle, mais une erreur médicale dans laquelle nous regrettons d'avoir vu l'Académie tomber, et, qui plus est, entraîner des hommes de talent et de travail comme MM. Pétrequin et Socquet.

Que penser maintenant de la physiologie exposée dans cet ouvrage, quand on sait que, au lieu d'y trouver celle de chaque source exposée séparément, on y rencontrera l'étude plus ou moins physiologique de la substance chimique prédominante et celle des divers groupes d'eaux minérales formés comme on en a vu plus haut des exemples ?

Dès lors on ne s'étonnera plus que nos auteurs ne sachent tirer de cette étude aucune induction thérapeutique, et que cette partie de leur travail demeure un simple objet de curiosité pour le lecteur sans être d'aucun secours réel pour le praticien qui voudrait y puiser d'utiles renseignements.

Et c'est après avoir accompli cette belle œuvre qu'ils se donnent le titre de *créateurs de la physiologie des eaux!* Nous disons, nous, qu'ils l'ont laissée *tout entière à créer.*

III. Nos hydrologues sont-ils arrivés à des résultats plus positifs relativement à la thérapeutique proprement dite, de manière à déterminer la spécificité d'action de chaque source

(1) Durand-Fardel, ouvrage déjà cité, p. 4.

et son appropriation à telle ou telle maladie, dans des circonstances et sous une forme bien déterminées? Nullement.

Et, ce qu'il y a de plus singulier, c'est que chaque écrivain sait parfaitement découvrir en quoi pèchent les œuvres de ses prédécesseurs, sans s'apercevoir qu'ils pèchent tous, lui comme eux, par la base, c'est-à-dire par l'absence d'une bonne méthode.

Commençons par l'œuvre d'un homme qui passe pour l'un des maîtres dans cette partie de la science, M. Patissier, un des anciens de l'Académie de médecine, bien souvent rapporteur et toujours membre des commissions nommées pour les eaux minérales; c'est l'auteur qui, selon M. Durand-Fardel, « a écrit peut-être les choses les plus justes et les plus sensées sur la thérapeutique thermale ; » et pourtant dans son « ouvrage si sage et si consciencieux, » dit encore M. Durand-Fardel, il y a « *deux cent cinquante* stations thermales, dont les deux tiers sont l'objet d'articles également importants, toutes présentant *à peu près les mêmes applications, sans aucun élément de comparaison, de préférence ;* laissant, en un mot, l'esprit dans le même embarras que s'il fallait aller étudier la thérapeutique générale dans une officine où *chaque substance porterait sur une étiquette le nom de toutes les maladies où elle pourrait être employée* (1). »

On ne saurait être plus poliment sévère.

Après une pareille appréciation, M. le docteur Durand-Fardel a dû probablement substituer à l'ouvrage de M. Patissier un travail où l'on trouve pour *chaque* source minérale les seules applications *spéciales* et *positives* de cette source dans des cas bien déterminés. Point : nos lecteurs seront de notre avis s'ils parviennent à comprendre la phrase suivante, exposition de sa méthode : « Partir, dans l'étude des eaux minérales, des maladies ou des groupes patholo-

____

(1) *Traité de thérapeutique des eaux minérales,* p. 5.

giques auxquels ces eaux sont applicables, au lieu de rattacher les applications médicales à la considération de la composition chimique et du classement des eaux elles-mêmes ;
dégager la spécialisation des eaux minérales, soit envisagées
par groupes, soit prises isolément, des applications multi-
pliées auxquelles les rendent propres aussi, soit leur constitution elle-même, soit les conditions communes à la plupart
des eaux, procédés hydrothérapiques, propriétés existantes,
conditions hygiéniques (1). »

Mais d'abord, que nous parlez-vous « de rattacher les applications médicales des eaux à la considération de la composition chimique et du classement des eaux? » Les seules applications médicales sérieuses d'un médicament ne peuvent
se déduire, le simple bon sens l'enseigne, que de son étude
faite sur l'homme sain et malade et dans les conditions déterminées d'une bonne observation.

Mais, en outre, depuis quand, dans une question de matière médicale, lorsqu'il s'agit de connaître une substance au
point de vue médical, a-t-on commencé par les maladies pour
rechercher, dans leur traitement, l'indication du médicament?
Depuis quand a-t-on mis l'objet avant le sujet, l'inconnu
avant le connu? Lorsque vous nous aurez transmis une
étude vraiment scientifique de chaque source, une étude
basée sur des faits bien établis et sur des inductions positives, alors le sujet étant parfaitement connu, mais alors
seulement, vous aurez le droit de faire passer sous nos yeux
le tableau des maladies pour indiquer, à l'occasion de chacune d'elles, les eaux pour lesquelles chaque maladie est
un objet d'application.

C'est donc avec raison que MM. Pétrequin et Socquet re-
prochent, dans leur introduction, à M. Durand-Fardel d'a-
voir composé « une série de monographies isolées sur quel-

____

(1) Durand-Fardel, *op. cit.* p. 13.

ques affections chroniques, au lieu d'une étude spéciale sur les effets curatifs de *chaque classe* d'eaux minérales (1)... » Mais ces messieurs, oubliant la critique de leur introduction, s'empressent, dans le corps de l'ouvrage, de reproduire la méthode si vicieuse qu'ils viennent de blâmer. Notons cette seule différence dans la méthode d'exposition : ils nous donnent d'abord une énumération, toujours très-vague et insuffisante, des applications thérapeutiques des sources d'une classe, puis reprenant séparément chacune des maladies énumérées, ils en étudient la médication hydrologique. Mais comment est-il procédé à cette étude ?

Que nos lecteurs veuillent bien se rappeler la critique dont la physiologie de ces messieurs a été l'objet de notre part : leur thérapeutique mérite en tous points les mêmes reproches. Entrons dans quelques détails.

Les eaux minérales naturelles sont divisées par eux en trois classes principales : alcalines, salines et sulfureuses ; chaque classe est partagée à son tour en plusieurs ordres, dont quelques-uns se subdivisent en groupes, fondés uniquement sur la considération de la composition chimique ou plutôt du principe médicamenteux qui paraît dominer dans cette complexité d'éléments qui constitue le fond de toutes les sources médicinales. Or, nous avons déjà montré les graves inconvénients attachés à une pareille classification, prise comme point de départ d'une étude médicale, puisque, d'une part, elle force à rentrer dans le cadre d'une classification chimique des sources, dont un des caractères distinctifs est précisément de n'offrir la prédominance d'aucun agent chimique, et que, d'autre part, elle rapproche les unes des autres des sources qui, au point de vue médical, se repoussent et s'étonnent, en quelque sorte, de se rencontrer ensemble.

(1) *Traité général pratique des eaux minérales,* p. 10.

Nous pouvons peut-être encore admettre une pareille clas
sification au point de vue de l'histoire naturelle; mais comment comprendre que ces auteurs l'aient prise pour point
de départ de leurs études médicales et thérapeutiques ? Faire
une longue étude physiologique et thérapeutique de chaque
ordre et sous-ordre, quelquefois même du seul principe mi-
néral dominant, se contenter ensuite de rattacher au tableau
d'ensemble quelques particularités relatives à certaines
sources plus importantes, n'est-ce pas véritablement la
science renversée ?

Supposons que nous ayons à étudier la matière médicale
des plantes ou celle des minéraux : parce qu'une classification
naturelle a divisé les plantes en familles et les minéraux en
ordres et genres, aurons-nous jamais l'idée d'étudier au point
de vue médical les crucifères, les labiées, les solanées, au lieu
des espèces particulières que ces familles renferment, ou bien
les métaux, les alcalis, les acides, au lieu des divers métaux,
alcalis ou acides particuliers, qui rentrent dans ces classes ?
Sans doute, dans ces familles et ces classes fort naturelles,
il y a des rapports communs, des rapports souvent plus importants, et au point de vue chimique et au point de vue
médical, que dans les classes établies en hydrologie ; et pourtant, en matière médicale, nous étudions tout naturellement
chaque substance en particulier, sauf à voir, après ces études
séparées, s'il existe des propriétés communes à tous les sujets de la même classe. Nous nous rappelons en effet que si
la famille des solanées, par exemple, renferme des substances
ayant entre elles de grandes analogies, comme la belladone, la
jusquiame, le stramonium, elle renferme aussi la pomme de
terre, l'alkékenge, la tomate, qui sont loin de ressembler aux
premières. On peut comparer aux rapports qui existent
entre ces deux classes de solanées l'analogie qui relie Vichy
à Soultzmatt et Hombourg à Luxeuil. Supposez donc une

thérapeutique qui n'étudierait les solanées qu'à un point de vue général et comme représentant un seul médicament, et jugez d'après cela de l'exactitude, surtout de l'utilité pratique d'une étude qui réunit sous les mêmes considérations des sources aussi différentes, pour cette seule raison qu'une analyse chimique les a fait ranger dans la même famille !

M. C. James et M. Rotureau ne sont point tombés dans les graves erreurs que nous offrent les ouvrages de M. Durand-Fardel et de nos honorables confrères de Lyon. Ces messieurs ne voient aucune utilité médicale à une classification purement chimique, et démontrent que beaucoup de sources, comme Gastein, Pfeffers, Plombières, le Mont-Dore, Loëche, etc., ne sauraient même se trouver comprises dans une pareille classification, faute d'éléments suffisants ; d'autre part, M. Rotureau déclare qu'il ne croit pas le moment venu d'étudier par groupes les eaux minérales, et d'en tenter une classification naturelle, c'est-à-dire fondée sur l'ensemble de leurs rapports physiologiques et thérapeutiques avec l'organisme humain ; il ajourne donc modestement tout travail de synthèse et se livre simplement à l'étude analytique la plus exacte et la plus complète possible des principales sources minérales.

Pour atteindre leur but, M. C. James et M. Rotureau ont visité chacune de ces sources ; ils en ont, disent-ils, expérimenté les eaux sur eux-mêmes, et pour connaître l'action thérapeutique de chacune d'elles, ils en ont puisé les principaux renseignements auprès des plus honorables médecins de chaque station minérale. M. Rotureau dit qu'il leur posait ces trois questions : Dans quels cas vos eaux guérissent-elles d'une manière sûre et complète ? Dans quels cas améliorent-elles seulement ? Dans quels cas sont-elles contre-indiquées ?

Ainsi, abandon d'une synthèse thérapeutique reconnue erronée quand on suit les voies de la chimie, d'une classification naturelle reconnue impossible dans l'état actuel de la science, analyse physiologique et thérapeutique de chaque source en particulier considérée comme un médicament spécial et en se basant sur l'observation : voilà une série de principes sur lesquels repose l'ouvrage de M. Rotureau en particulier, et que nous déclarons hautement conformes à la véritable méthode qu'il convient de suivre dans l'étude médicale des eaux minérales.

Mais comment ces principes d'une méthode saine en elle-même ont-ils été appliqués? Cette observation a-t-elle été suffisamment éclairée? cette analyse a-t-elle été faite avec tous les éléments nécessaires? cette analyse et cette observation ont-elles conduit à des résultats pratiques positifs, et, sinon à des lois, au moins à des inductions scientifiques telles qu'on est en droit d'en attendre pour une science expérimentale comme la thérapeutique ?

A toutes ces questions nous sommes forcés de répondre négativement. L'observation de M. Rotureau, comme son analyse physiologique et thérapeutique, est fondée sur des bases bien fragiles : d'abord elles sont loin de reposer sur ses études personnelles, car il a dû visiter un grand nombre de sources minérales en un petit nombre d'années ; s'il a essayé d'expérimenter sur lui-même quelques-unes de leurs propriétés physiologiques, il n'a pu faire cette expérimentation qu'une seule fois et pendant un temps fort court, il n'a pu reproduire méthodiquement cette expérimentation, comme il l'eût fallu, sur d'autres personnes en bonne santé ; d'autre part, nous avons vu les efforts réels qu'il a faits pour ne communiquer à ses lecteurs que des renseignements positifs et précis sur les vertus curatives de chaque source, de manière à fixer, autant que possible, leur spécialité d'action. Mais, enfin, c'est une manière purement empirique et qui, malgré toute l'attention possible, doit entraîner de nombreuses erreurs ; il n'a pu voir assez par lui-même, il a dû se rapporter aux renseignements qui lui étaient donnés par des personnes honorables et compétentes sans doute ; mais enfin ces personnes prononçaient au moins un peu *orationem pro domo suâ ;* or, la méthode expérimentale sur laquelle repose toute science d'observation eût exigé, en face de ces affirmations, une expérimentation sévère, méthodique et personnelle pour contrôler ou infirmer les résultats annoncés par autrui.

IV. Si nous résumons l'étude critique à laquelle nous nous sommes livré, nous voyons que si la science hydrologique, examinée dans les traités les plus récents, est en voie de progrès au point de vue de l'histoire naturelle, elle est demeurée à peu près stationnaire sous le rapport médical ; que la physiologie des eaux minérales est encore à faire ; que leur étude thérapeutique, en dehors de certaines indications empiriques le plus souvent très-vagues, n'a pas encore fourni des matériaux assez solides pour constituer la base d'un édifice scientifique, et que, plus ou moins passible, dans tous ces ouvrages, du reproche que nous avons vu adresser plus haut à l'ouvrage de M. Patissier par un de ses élèves, cette médication mérite de rester encore enveloppée dans la critique sévère infligée par Bichat à la *matière médicale* en général.

En présence d'un pareil enseignement, faut-il être surpris de l'ignorance et de l'embarras des élèves et des praticiens? Faut-il s'étonner que, avec cette affluence de maladies que nous voyons chaque année croissante auprès de nos thermes, un si petit nombre d'entre elles retirent de l'usage des eaux l'effet réel qu'on s'en était promis, que beaucoup en reviennent sans avoir éprouvé de modification heureuse, et qu'un certain nombre, trop considérable, hélas! aient été manifestement aggravées par leur emploi?

II

N'est-il pas possible d'apporter quelque lumière dans l'étude si confuse, si incomplète, si obscure, des eaux minérales et de ramener l'hydrologie médicale à la place qu'elle a droit d'occuper dans la science?

I. — Il existe un moyen, un seul, c'est d'introduire dans cette étude la grande réforme appliquée par Hahnemann à la matière médicale en général, c'est-à-dire la méthode expérimentale.

Cette méthode suppose avant tout les trois conditions qui suivent :

1° Il faut renoncer à l'idée d'établir immédiatement une classification médicale des eaux et de donner en quelques années, comme on l'a fait jusqu'ici, un traité d'hydrologie ; il faut se renfermer dans le rôle beaucoup plus modeste, mais le seul utile, d'étudier à fond une source minérale ou plusieurs successivement, comme des médicaments particuliers.

2° Il faut séparer nettement dans cette étude les propriétés physiologiques et les propriétés thérapeutiques, sauf à bien reconnaître le rapport qui les unit entre elles.

3° Il faut rejeter au loin cette antique et déplorable hypothèse admise avec le même tort pour les autres médicaments, que chaque eau minérale n'a qu'une seule et même action physiologique (excitante, calmante, évacuante, diurétique, etc.), comme une seule action thérapeutique.

Ceci posé, le médecin, désireux de coopérer à la création de la science hydrologique, devra donc faire choix d'une eau minérale et rechercher par voie expérimentale quelle est l'action physiologique et l'action thérapeutique, ou plutôt quels sont les effets physiologiques variés et les effets thérapeutiques divers de cette eau médicinale.

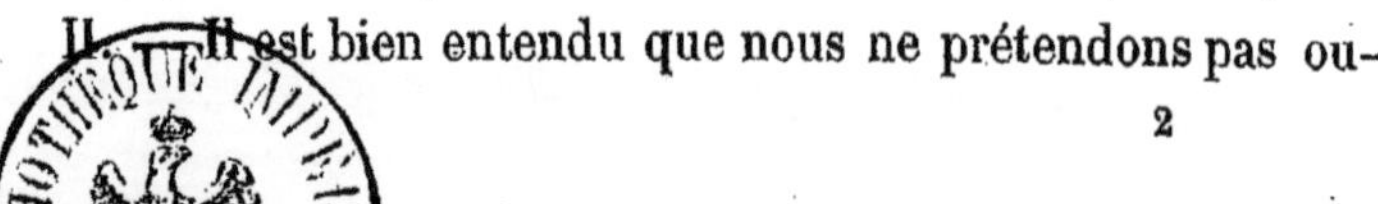

II. — Il est bien entendu que nous ne prétendons pas oublier la nécessité, pour le médecin, d'étudier de la manière la plus complète l'histoire naturelle des eaux, leurs propriétés physiques et chimiques, leur composition, leurs relations avec les faits géologiques. Nous sommes loin de méconnaître l'importance de cette partie de l'hydrologie médicale, non plus que celle de la topographie et du climat, et enfin la recherche des dispositions les plus convenables pour l'aménagement des sources, et leurs meilleurs modes de distribution. Seulement nous demandons la permission de ne pas insister sur ces divers points qui ont été généralement traités d'une manière satisfaisante, surtout dans le *Dictionnaire des eaux minérales*, dans le *Guide* de M. C. James, et le *traité* de M. Rotureau.

III. — L'étude physiologique devra comprendre les changements contre nature qu'une eau minérale détermine dans les fonctions, les excrétions, les qualités extérieures, et enfin dans la disposition des parties liquides et solides de l'homme en santé.

Comment arriver à cette connaissance ? Il existe trois méthodes :

1° L'observation des malades qui sont envoyés à la source. C'est celle qui a jusqu'ici presque exclusivement fourni à nos hydrologues les quelques notions physiologiques éparses dans leurs ouvrages. Nous avons montré combien ce bagage est mince et surtout son peu de valeur ; c'est qu'en effet, en dehors de certains phénomènes très-saillants et dus ordinairement à l'usage des doses excessives, on ne constate rien ou seulement des effets thérapeutiques, des modifications dues à la lutte du médicament avec la maladie ; le plus souvent les véritables effets physiologiques sont masqués par les symptômes pathologiques, et on y chercherait en vain un tableau des effets purs de l'eau minérale sur l'organisme humain.

2° L'expérimentation sur les animaux. Sans y renoncer

complétement, nous devons faire observer que, d'une part, en présence des différences anatomiques ou physiologiques qui les séparent, on ne saurait conclure absolument de l'animal à l'homme; et que, d'autre part, on ne peut noter chez l'animal que les lésions et les symptômes perceptibles aux sens, c'est-à-dire une portion très-minime de la pathogénésie médicamenteuse. Toutefois, cette expérimentation peut être faite comme confirmation de celle sur l'homme en santé et surtout comme son complément, en ce sens qu'elle peut être continuée assez longtemps pour déterminer des lésions réelles plus ou moins étendues et de véritables effets toxiques.

3° L'expérimentation sur l'homme sain reste la seule méthode qui permette de connaître d'une manière positive l'action véritablement pathogénétique d'une eau minérale ou la série de ses effets physiologiques sur l'organisme. Ici, en effet, l'expérience s'opère sur le terrain même qu'elle est appelée à féconder, elle peut se faire au gré de l'expérimentateur et sans être contrariée par la domination d'un état pathologique; le tableau des effets purs en découlera net et clair sans être vicié ou altéré par des phénomènes étrangers aux symptômes de la substance médicamenteuse.

Pour que cette expérimentation soit bien faite et puisse atteindre son but, il faut que le sujet s'astreigne à certaines conditions. Plusieurs de ces conditions ont été sagement développées par Hahnemann (1). Nous croyons utile de les résumer ici.

Il faut que l'expérimentateur jouisse de la meilleure santé possible, qu'il soit intelligent, capable d'observer avec soin, parfaitement réservé dans sa conduite, sobre dans son régime, sobre aussi de travaux d'esprit. L'expérimentation sera faite sur des sujets des deux sexes, on en comprend le motif, et sur le plus grand nombre possible, afin d'avoir, d'une part, plus

(1) *Organon*, § 124 à 141.

de résultats comparables et positifs, et parce que, d'autre part, l'idiosyncrasie de chaque sujet permet à la substance médicamenteuse de développer les formes diverses, plus ou moins caractérisées, de son action sur les différentes parties de l'organisme. Hahnemann recommande, en outre, au sujet, de varier ses positions pendant l'expérimentation et d'observer l'influence de ces changements, comme celle des époques de la journée, des repas et des diverses conditions extérieures, sur le développement des effets pathogénétiques. Il veut encore voir indiquer les effets divers qu'on obtiendra de doses prises à assez longs intervalles ou de doses progressivement croissantes. Enfin il montre, par des raisons que nous comprenons tous d'avance, la valeur supérieure qui s'attache à l'expérimentation faite par le médecin lui-même.

A ces excellents préceptes nous en ajouterons trois autres dont M. Tessier a justement fait ressortir la nécessité dans son important mémoire sur l'*Action des médicaments* (1).

1° Les phénomènes produits par l'eau minérale devront être recueillis de manière à permettre de reconnaître comment, d'une part, s'observent et se succèdent les troubles des fonctions et les lésions des organes, et quel est, d'autre part, le lien qui peut exister entre ces lésions et les troubles des fonctions. L'étude des excrétions nécessitera l'intervention de la chimie et du microscope.

2° Il importe d'expérimenter l'eau minérale de toutes les manières, c'est-à-dire en la présentant, suivant l'expression pittoresque de M. Tessier, aux diverses parties du corps humain, en l'ingérant dans l'estomac, l'administrant en bains plus ou moins prolongés, en douches, et à diverses températures, enfin par inhalation. Du reste, la voie a déjà été, en partie, tracée par les procédés d'administration mis en usage chez les malades dans certains établissements.

3° Les doses devront être variées depuis les plus faibles

(1) *Art médical*, VI, p. 83.

jusqu'aux plus considérables qui puissent être tolérées sans danger, dans les divers modes d'administration que nous venons d'indiquer ; car il est évident que la question des doses et leur répétition ne peuvent rester sans influence sur les effets si divers des substances médicamenteuses. Toutefois nous ne pensons pas qu'il y ait lieu de les expérimenter à dose infinitésimale, ainsi qu'il est nécessaire de le faire pour connaître l'action complète des autres médicaments.

IV. — Une eau minérale étant connue dans son action sur l'homme sain, il reste, et c'est le point le plus intéressant pour le malade et pour le médecin, à bien établir quels effets elle produit sur l'homme malade, c'est-à-dire son action thérapeutique.

Selon M. Tessier, les médicaments déterminent la guérison suivant divers modes qui reproduisent les méthodes curatives naturelles, dont les principales sont : l'*évacuation* par les diverses voies naturelles, intestins, voies urinaires, peau, capillaires, l'*altération* ou l'action intime, la modification profonde et insensible qui s'opère dans les parties malades pour les ramener à l'état normal, dans les cas d'épanchements, d'engorgements, d'enkystement, dans les solutions de continuité, dans les altérations du sang, etc., la *dérivation* et la *révulsion*, l'*homœopathicité* et enfin la *spécificité*, mode spécial dont le mécanisme est inconnu.

D'après cette théorie, qui s'appuie sur les faits bien observés (nous faisons toutefois nos réserves quant à la médication altérante), on devrait rechercher pour toute eau minérale quels sont les cas pathologiques dans lesquels elle amène la guérison par chacun des modes que nous venons d'énumérer. Il est positif que certaines eaux minérales, celles de Sedlitz, Pullna, Birmenstorff, Friedricshall, par exemple, employées aux doses ordinaires où l'on emploie les eaux, jouissent de propriétés évacuantes qui paraissent dominer tout autre effet

sur l'organisme. Dans un grand nombre d'autres sources, on
verra la guérison s'opérer sans troubles fonctionnels bien
appréciables; assez souvent elle coïncidera avec une dérivation subite, comme un accès d'arthritis ou une éruption cuta-
née; plus souvent elle sera précédée d'une aggravation notable des symptômes de la maladie, il y aura eu action homœopathique; enfin, dans quelques cas, la guérison ne pouvant
s'expliquer par aucun des modes indiqués ci-dessus, on dit
qu'elle a eu lieu par une action spécifique de l'eau médicinale.

Comment donc le médecin hydrologue arrivera-t-il à découvrir si la source qu'il étudie jouit de ces divers modes d'action
thérapeutique et dans quelles maladies s'exerce chacun de
ces modes pour déterminer la guérison?

En voulant demeurer fidèle à la théorie expérimentale
pure, il faudrait pouvoir soumettre chaque maladie, que dis-
je? le nombre infini de ses formes, à l'action de la source
mise en étude et même à chacun de ses modes d'administration, et aux doses les plus variées : œuvre impossible quand
elle ne serait pas contraire aux plus saintes lois de l'huma-
nité (1).

Faut-il donc s'en tenir aux faits de guérison recueillis par
voie empirique? Nous avons montré dans la première partie
de ce travail à quels résultats au moins incomplets et souvent
erronés conduit une pareille voie. Sans doute il ne faut pas
faire fi des observations recueillies sur les malades, surtout
quand elles ne sont point rédigées en termes vagues, mais
présentées avec tous les détails qui permettent de saisir la
forme spéciale, les traits caractéristiques de la maladie qui a

(1) C'est ici le lieu de rappeler que, moins susceptible à l'endroit des principes, et
dans le but de combattre les *prétendus* succès obtenus par la méthode de Hahnemann
dans le traitement de la pneumonie, l'Académie impériale de Médecine n'a pas craint
de proclamer hautement *experimentum in animd vili* en offrant un prix au meilleur
travail sur l'*expectation* dans une maladie traditionnellement reconnue comme une des
affections aiguës les plus dangereuses.

guéri et de celle qui est demeurée sans changement ou qui a
été aggravée; loin de là, de pareilles observations devront
toujours être prises et conservées avec soin; mais il faudrait
attendre de longues années avant d'en avoir recueilli un
nombre suffisant pour établir nettement les indications et
contre-indications, l'appropriation thérapeutique spéciale de
la source. Et puis comment y appeler les malades? sur quels
motifs vous fonderez-vous pour les inviter à y tenter une cure?
Pour les sources les plus connues, une expérience séculaire
(aux dépens de combien de malheureux!) a pu laisser s'établir quelques indications empiriques positives, au milieu
d'un bien plus grand nombre d'autres obscures et insuffi-
santes, reposant sur une analogie fausse ou éloignée; mais
pour les sources peu connues ou nouvellement découvertes,
quelle sera votre boussole pour en déterminer l'action thérapeutique, pour y soumettre des malades sans les immoler en
victimes à une expérience coupable?

C'est ici que nos confrères viennent nous préconiser l'importance de l'étude physique et chimique, de la constitution
organique de l'eau : nous avons montré combien cette connaissance, utile au point de vue de l'histoire naturelle des
eaux, est insuffisante, dangereuse même au point de vue médical.

Sortons de cette impasse ; l'étude du rapport des propriétés
physiologiques avec les propriétés thérapeutiques des médicaments en général nous en fournit le moyen.

Ce rapport est tel, en effet, que les dernières, à l'exception
des propriétés spécifiques, se concluent tout naturellement des
premières.

Le médicament ou l'eau minérale qui jouissent d'une action
vomitive, laxative, diurétique, sialagogue, sudorifique, hé-
morrhagique, etc., la déterminent chez l'homme sain comme
chez l'homme malade. Leur action dérivative, qui se confond
souvent avec la précédente et qui se manifeste sur la peau ou

sur les intestins, suivant leur mode d'administration, se mon-
trera aussi la même dans les deux cas. Leur action homœopathique ne peut être évidemment connue que par l'étude
des effets produits sur l'homme en santé. Quant à l'action
dite altérante et qui consiste dans une modification profonde
et insensible des parties malades, de manière à les ramener
à l'état normal, nous pensons qu'elle rentre dans l'action homœopathique, laquelle en pareil cas se révèle sur l'homme
sain, sinon par des altérations organiques semblables, au moins
par des lésions fonctionnelles et des symptômes qui les rap-
pellent; en d'autres termes, le médicament qui guérit la lésion
d'un organe par le mode dit altérant jouit d'une action véritablement élective et analogue sur ce même organe à l'état
sain.

Il résulte de ces considérations que, en dehors de certaines
propriétés spécifiques peu communes et que l'expérience sur
les malades ou plus souvent le hasard permettront de découvrir, les autres propriétés thérapeutiques incomparablement
plus nombreuses se déduisent tout naturellement de leurs
propriétés physiologiques.

D'où cette conséquence toute naturelle, que l'étude médicale d'une eau minérale naturelle, comme celle de tout autre
médicament, consiste presque toute entière dans la connaissance de ses effets sur l'homme sain.

Le lecteur voit maintenant à quelle heureuse conséquence
nous sommes arrivés. Nous avons montré l'inanité de la méthode empirique ou de l'expérience fondée sur une observation incomplète et insuffisante des malades. Mais rien ne
s'oppose à l'expérimentation libre et volontaire sur l'homme
en santé, au moins dans une certaine mesure; celle-là peut
se faire et se renouveler à la volonté du médecin et du sujet.
Nous avons dit dans quelles conditions elle devait s'opérer pour
être exacte et complète : on peut, d'ailleurs, la varier de

toutes les manières et étudier ainsi sous toutes ses formes et dans tout le développement de ses effets l'agent médicinal ; on arrive ainsi à reconnaître ses divers modes d'action physiologique ou plutôt pathogénétique ; et en les comparant, d'une part, aux symptômes des maladies, et, de l'autre, à leurs modes curatifs naturels, on conclut tout naturellement aux applications thérapeutiques.

Qu'à cette étude thérapeutique véritablement rationnelle, car elle repose sur une induction expérimentale incontestable, on ajoute les connaissances cliniques résultant d'une ancienne expérience, *ex usu in morbis*, rien de mieux : il y aura d'autant plus de certitude pour établir l'action thérapeutique de l'eau minérale, que l'observation clinique sera venue confirmer l'œuvre de l'expérimentation physiologique. Mais, en attendant l'œuvre de la clinique, nous aurons trouvé dans la méthode expérimentale un flambeau qui nous éclairera dans notre pratique, et, en face d'un malade bien étudié par nous, étant donnée une source dont les effets physiologiques nous sont aussi bien connus que les symptômes du malade, nous serons suffisamment armés pour la leur conseiller ou pour la leur interdire.

C'est ce que jusqu'ici, avec nos connaissances hydrologiques, nous sommes incapables de faire, sauf pour un petit nombre de sources et dans quelques formes de maladies bien déterminées, c'est-à-dire dans quelques cas exceptionnels.

V.—Telle est, nous le croyons, la véritable voie dans laquelle doit s'engager le moderne hydrologue ; telle est la méthode au moyen de laquelle, véritable médecin et savant modeste, il pourra seulement faire avancer l'étude des eaux minérales. Ainsi, il la débarrassera des erreurs qui obscurcissent un petit nombre de vérités arrachées à grand'peine à un empirisme séculaire ; ainsi il parviendra à leur substituer une série de faits positifs et de vérités ou de lois expérimentales, seuls fondements d'une science d'observation.

Devons-nous espérer que cet appel à l'expérimentation pure, à la seule méthode qui puisse fonder l'hydrologie minérale sera entendu de la jeune *Société d'hydrologie médicale?* Ses membres sont jeunes, actifs; ils se sont réunis dans un but principal, qui est précisément le nôtre : déterminer les propriétés de chaque source minérale de manière à préciser médicalement la spécialité d'action de chacune d'elles et à établir les indications et contre-indications de son emploi. Puisqu'il en est ainsi, nous les adjurons de ne point repousser d'avance la méthode que nous avons proposée, certains que, s'ils consentent à l'examiner sérieusement et avec maturité, ils reconnaîtront qu'elle seule peut leur permettre d'atteindre l'important objet qu'ils se sont proposé en se réunissant (1).

III

I. — Du reste, la supériorité de la méthode que nous avons proposée, pour arriver à une réforme de l'étude thérapeutique

---

(1) Nous espérons que tous les membres de la Société d'hydrologie médicale n'ont pas adopté les singulières idées de leur collègue, qui fut aussi notre ancien collègue des hôpitaux, M. Dumoulin, inspecteur des eaux de Salins. Ce médecin admet (*Des Eaux minérales de Salins*, p. 37) qu'il ne faut pas accorder aux recherches sur les effets physiologiques des agents de la thérapeutique « une importance qu'elles sont loin d'avoir. On ne peut, ajoute-t-il, conclure des phénomènes observés sur l'homme sain aux phénomènes qu'on observe sur l'homme malade. La raison en est simple. Tout médicament administré chez l'homme sain devient une occasion de troubles, de phénomènes insolites... Chez l'homme en état de maladie, il n'en est pas de même : l'expérience a démontré que le médicament,- donné dans ces circonstances, s'il est efficace, administré à propos et convenablement, agira directement sur la maladie et non point sur l'organisme. » Il est bien évident que sur un sujet non malade le médicament ne peut agir sur la maladie; mais comment M. Dumoulin prétend-il nous faire comprendre que, chez le malade, il n'agit point sur l'organisme? Triste et fausse subtilité qui l'empêche de voir la véritable question, celle-ci : Y a-t-il une relation entre le trouble de l'organisme déterminé par le médicament donné à l'homme sain et le trouble de l'organisme guéri par le même médicament administré à l'homme malade? — Plus loin (p. 66), M. Dumoulin déclare que les vrais principes du thérapeutiste sont : « 1° observer la maladie...; 2° par *induction, expérimenter* les agents thérapeutiques qui ont modifié avantageusement la même maladie chez un autre sujet, ou

des eaux minérales, est depuis longtemps reconnue par tous les vrais disciples de Hahnemann, et même elle a été, dans ces derniers temps, appliquée avec intelligence à l'étude de deux sources de premier ordre, Carlsbad et Tœplitz, à celles moins importantes de Lippspringe, près Paderborn, et Bondonneau (Drôme), enfin à celle des bains de mer d'Ostende. La pathogénésie de ces eaux a été donnée avec soin et mise en regard de leur action thérapeutique, et nous engageons fort nos lecteurs et tous les vrais médecins, qui doivent s'intéresser aux progrès de l'hydrologie minérale, à lire ces travaux qui lui ouvrent une ère nouvelle. (*Carlsbad*, par le Dr Porges, 1 vol., chez J.-B. Baillière, 1858. — *Tœplitz*, trad. de l'ouvrage du Dr Perutz, dans le journal de la *Société gallicane de médecine homœopathique*, VIII, p. 456. — *Lippspringe*, ibidem, p. 561. — *Bondonneau*, ibidem, 2e série, IV, p. 65.— *Bains de mer d'Ostende*, traduit de l'allemand du Dr Gerson, *Art médical*, IV, p. 281.)

Pour le moment, nous demanderons à nos lecteurs la permission de leur mettre sous les yeux, par un résumé rapide, quelques exemples destinés à leur montrer en action la méthode expérimentale.

II. — Ouvrons le livre du docteur Porges sur les sources de Carlsbad.

1. L'expérience a prouvé l'action curative puissante que ces eaux exercent sur les maladies chroniques du foie, les calculs biliaires, les hémorrhoïdes, l'hypocondrie, et enfin sur les diverses affections du tube digestif, des organes respiratoires

---

encore une maladie de la même classe... L'art médical procède donc empiriquement. » Et, pourtant, l'auteur ajoute : « Je ne prétends point justifier l'empirisme qui marche à tâtons. » Nous affirmons, nous, qu'il le justifie et qu'il ne marche pas autrement. A qui fera-t-on croire qu'un pareil empirisme, bon tout au plus pour aider les praticiens aux abois, puisse servir sérieusement de base à la science? Et s'il s'agit d'un agent nouveau qui n'a encore modifié aucune maladie, faudra-t-il donc attendre que le hasard ait servi le médecin?

et circulatoires, du cerveau même et des organes génitaux, qui sont liées à cet état général caractérisé anatomiquement par un développement notable de veines superficielles et une série d'engorgements viscéraux, avec surabondance du sang veineux, d'où le nom de *dyscrasie veineuse*, et principalement à un embarras considérable, un développement anormal du système de la veine porte, d'où le nom de *pléthore veineuse abdominale* (1).

Eh bien ! si vous considérez dans son ensemble le tableau des nombreux effets pathogénétiques de Carlsbad tel qu'il résulte de l'expérimentation faite par le docteur Porges sur l'homme sain et de ses observations sur l'homme malade, vous êtes frappés, avant toute chose, de ce fait, dit M. Porges, « que les organes affectés de préférence sont ceux qui sont les plus riches en veines, de manière à établir un rapport direct. Tous les symptômes démontrent que le mode d'action repose essentiellement sur les congestions, quelquefois avec un caractère hyperesthésique. Il en résulte que la masse du sang veineux est affectée de telle façon que sa marche est ralentie et que les veines se trouvent dilatées par suite de son accumulation.

« Il en résulte que peu de malades prendront nos eaux sans ressentir parfois un endolorissement très-sensible du foie, cette haute efflorescence du système veineux : de là cette erreur qui suppose que le foie est le seul organe, le point initial et final de nos eaux ; ce n'est certainement pas dans le foie seul, mais encore dans tous les autres organes du bas-ventre, aussi bien que dans ceux du thorax et de l'encéphale, dans les organes des sens et en général dans tous les points malades de l'organisme, que se manifesteront les symptômes les plus marquants, lorsque ces parties sont le siége d'une turgescence veineuse.

---

(1) Nous reproduisons ces dénominations sans les adopter et même sans les discuter comme elles mériteraient de l'être ; nous restons renfermé dans notre sujet.

« C'est précisément sur cette circonstance que repose l'aggravation dans les parties malades, laquelle ne manque jamais de se manifester et que l'on a tort de tant redouter, car elle est toujours le précurseur d'un excellent effet de cure et d'une amélioration certaine.

« D'un autre côté, les symptômes généraux qui ne se rapportent qu'à un état de souffrance de certains tissus, tels que l'état de santé en général, la modification de la caloricité, l'état des forces, tout enfin ce que nous désignons sous la rubrique de *généralités*, démontrent sans réplique l'effet de nos sources sur la sphère veineuse, attendu que pendant qu'on en fait usage, le système veineux éprouve exactement les mêmes modifications que celles qui caractérisent la dyscrasie veineuse : d'où il nous est permis de conclure avec raison qu'elles sont déterminées par les mêmes conditions pathologiques qui les produisent dans l'état ordinaire de l'organisme.

« La turgescence extraordinaire des veines superficielles est encore une raison qui permet de conclure directement à l'excitation de la vénosité par l'emploi de nos eaux. Nous voyons non-seulement les varices, qui ne sont qu'une manifestation périphérique de la vénosité, et les ulcères veineux des jambes se gonfler et s'empirer d'une façon extraordinaire, mais encore l'observateur attentif peut-il s'assurer que, pendant la cure, le sang s'accumule dans la plupart des troncs veineux de la moitié supérieure du corps, aussi bien qu'à l'anus et dans les extrémités inférieures, de façon à former des cordons difficiles à comprimer et à permettre de distinguer facilement les ramifications sous-cutanées de certaines petites veines ; on peut s'assurer, en outre, que chez certaines personnes en parfaite santé le teint rosé devient souvent bleuâtre. »

En résumé : d'une part, l'ensemble des phénomènes qui constituent pour les Allemands la dyscrasie veineuse et surtout la pléthore veineuse abdominale est le caractère commun aux

principales affections qui guérissent à Carlsbad ; d'autre part,
le développement plus ou moins général du *système veineux*
et en particulier du système veineux *abdominal* est l'effet
immédiat et saillant des eaux de Carlsbad expérimentées sur
l'homme en santé.

2. Offrons maintenant quelques exemples des lésions d'organes et de fonctions que l'observation pathogénétique a ré-
vélées à notre auteur, et comparons-les à celles qui caractérisent les principales affections dont la cure par les eaux de
Carlsbad a été consacrée empiriquement.

La citation que nous venons de faire nous offre le développement *variqueux* des veines, surtout celles des membres in-
férieurs, de l'anus (on parle plus loin de celles du cordon
spermatique), comme un effet des eaux de Carlsbad ; eh bien!
la guérison par ces eaux des *varices*, des *hémorrhoïdes* et du
varicocèle y est journellement constatée, toutefois plusieurs
semaines après la saison, qui le plus souvent les augmente
promptement.

3. Les maladies du foie les plus graves trouvent leur guérison à Carlsbad ; d'autre part, parmi les effets de ces eaux sur
l'homme sain, nous trouvons les phénomènes suivants : co-
loration jaune de la peau et des conjonctives ; — taches hé-
patiques ; — pression intermittente avec tension dans l'hy-
pocondre droit qui gêne souvent considérablement la
respiration, toujours accompagnée de météorisme de l'estomac ; — la partie supérieure droite de l'abdomen est tuméfiée
et très-sensible à la pression ; — douleur pongitive, par in-
stants, dans la région du foie et s'irradiant de là à l'épigastre
et aux flancs, sous forme de pincements et d'élancements ; —
souvent le dos est le siége d'une sensation de douleur sourde,
lancinante, périodique, correspondant à la face postérieure
du foie et s'étendant jusqu'à l'omoplate droite ; — exagéra-
tion de la sécrétion biliaire avec fortes évacuations bilieuses au

début, suivie quelquefois d'une diminution de la sécrétion avec constipation opiniâtre; — goût amer de la bouche; — irascibilité, morosité, etc.

4. L'efficacité de Carlsbad n'est pas moins démontrée dans la gravelle, si ordinairement liée à la goutte et aux affections chroniques des voies digestives; or, ne reconnaissons-nous pas, dans les effets physiologiques qui suivent, un tableau des symptômes les plus cruels de cette affection?

« Sensation de pesanteur dans la région des reins, tantôt à droite, tantôt à gauche, surtout pendant l'exercice au grand air. — Douleur compressive dans la région rénale gauche; térébration obtuse tout le long du flanc. — Grande sensibilité à la pression, au-dessus des dernières côtes gauches, à côté de la colonne vertébrale.

« Tension et tiraillement dans la région rénale, avec sensation comme si quelque chose était poussé avec effort depuis les fausses côtes jusque dans le bassin, dans la direction de l'uretère vers la vessie.

« Douleur sourde, compressive, entremêlée de quelques élancements obtus, le long des uretères, s'étendant jusqu'en avant vers la fosse naviculaire et se terminant au gland.

« Tiraillement et contracture spasmodiques s'étendant du coccyx vers la vessie.

« Envies d'uriner très-fréquentes, avec émission abondante d'une urine aqueuse.

« Douleur compressive dans le périnée; le jet de l'urine est faible, avec légère ardeur dans l'anus.

« En urinant et encore assez longtemps après, beaucoup de malades éprouvent une sensation de brûlure dans la partie de l'uretère qui correspond au gland.

« Après avoir uriné, beaucoup de personnes ressentent comme le besoin d'expulser du canal de l'urine qui y serait restée.

« La couleur de l'urine, pendant et immédiatement après boire, est tout à fait pâle, claire et comme de l'eau, tandis que l'urine rendue dans la journée est souvent d'un jaune paille ou d'un rouge foncé semblable à la bière mal fermentée, parfois jumenteuse et brune comme chez ceux qui ont pris de la rhubarbe.

« Le sédiment de l'urine est blanchâtre, briqueté ou rouge foncé ; parfois filant, gélatineux comme du frai de grenouille ; quelquefois il est épais, muqueux et contient même des globules de sang ; d'autres fois il contient un excès de principes alcalins, surtout après l'usage prolongé de nos eaux. Quelquefois aussi il est calcaire, mais il prend rarement un aspect cristallin. Dans certains cas, dès les premiers jours de la cure, on aperçoit déjà des graviers et de petites sablures au fond du vase. »

5. Parlerons-nous de la multiplicité et de la variété des sensations *douloureuses* déterminées par les sources que nous étudions sur les tissus *musculaires* et *fibreux*, sur les membres et les articulations, le rappel d'anciennes douleurs disparues depuis longtemps, la sensation de fatigue générale, d'impotence paralytique, d'impressionnabilité à l'air froid, tous symptômes qui, s'ajoutant à ceux des voies urinaires, du tube digestif, de la circulation générale et en particulier de la circulation veineuse abdominale, représentent l'image fidèle de la *goutte ?* Or, on n'ignore pas combien de goutteux vont demander du soulagement à la célèbre source de la Bohême.

6. En face de la multitude des *affections gastro-abdominales*, si variées de formes, qui sont liées au développement trop considérable du système veineux abdominal et pour lesquelles Carlsbad offre une sorte de spécificité incontestable, nous trouvons une page d'effets pathogénétiques relatifs à l'état de la bouche et de la langue, quatre pages d'altérations

qui se rapportent à l'*estomac*, trois pages de symptômes *abdo-minaux* les plus divers, trois pages de phénomènes ayant trait à la partie inférieure du canal intestinal, aux *veines du rectum* et à la défécation. Ajoutons à cela de nombreux accidents du côté du *cerveau* : disposition vertigineuse, céphalalgie, migraine, *altération des sens* et en particulier de la *vue* et de l'*ouïe* ; pour le *moral*, troubles variés de la faculté de penser, engour-dissement de l'intelligence, inattention, distraction, perte de la mémoire ; pour le *sommeil*, somnolence le jour, insomnie la nuit et troubles du sommeil les plus divers, visions, rêves, cauchemar, etc.; sur la *peau*, des taches, efflorescences, dé-mangeaisons, picotements, eczéma local, acné rosacea ; du côté des organes *respiratoires et circulatoires*, sécheresse de la bouche et de la gorge, angine granuleuse, catharre sec, asthme flatulent, anxiété générale et surtout précordiale, quelquefois même œdème des malléoles.

7. Les *hypocondriaques* abondent à Carlsbad, et on le comprend en considérant le groupe d'affections auxquelles ces eaux conviennent ; eh bien ! considérez la puissance de leur action véritablement pathogénétique sur le moral de l'homme en santé :

« Mécontentement taciturne avec répugnance à parler.

« Mauvaise humeur, de façon qu'on ne dit rien, qu'on n'a de plaisir à rien, qu'on est taciturne et concentré ; on est aussi soupçonneux et craintif.

« Grand abattement, humeur morose sans motif et contrai-rement aux habitudes.

« Dès le matin, en se levant, on est déjà chagrin, mal dis-posé et d'humeur chagrine pendant toute la journée.

« Très-irrité et chagrin, et souvent pour des niaiseries, il est comme hors de lui et a des bouffées de chaleur sur toute la surface du corps.

« Après la moindre émotion morale, surviennent des bouf
fées de chaleur par tout le corps.

« Beaucoup de malades sont tourmentés d'anxiété inté-
rieure.

« Anxiété dans la région précordiale et autour du cœur.

« Dans sa chambre, il éprouve une sensation d'angoisse et
de crainte, avec serrement de poitrine, qui le force à sortir à
une heure assez avancée, et il se trouve incomparablement
mieux.

« Beaucoup de nos malades se réveillent dans les dispositions
les plus sombres et dans les plus grandes inquiétudes au sujet
de leur santé ou de leurs affaires domestiques. »

8. Le livre du Dr Porges nous offrirait encore de nombreux
exemples à l'appui de notre thèse, mais nous croyons en avoir
cité d'assez probants et nous passons à l'étude qu'ont faite,
des sources de *Tœplitz*, M. le Dr Hromada et surtout le Dr Pérutz; l'ouvrage de ce dernier (1) a été analysé par le *British
journal of homœopathy*, et cette analyse reproduite en français
dans le *Journal de la Société gallicane* (t. VIII, p. 456).

III. — Les sources de *Tœplitz* sont de celles dont les eaux
sont moins minéralisées que l'eau potable ordinaire (2); aussi
M. Rotureau garde-t-il un silence à peu près complet sur
leurs effets physiologiques, ne supposant pas sans doute
qu'elles en puissent déterminer en les soumettant à une expérimentation méthodique. Mais M. le Dr Pérutz, au moyen de
cette expérimentation faite, au flambeau de la doctrine hahne-
mannienne, sur lui-même et sur plusieurs sujets en bonne
santé, a obtenu un assez grand nombre de symptômes patho-

---

(1) *Die Thermalœder zu Tœp'itz und ihre heil'rœfte, von standpvnc te der ho-
mœopathie aus betrachtet* von Dr Peru'z, Badenrz su Tœplitz.

(2) « Nouvel exemple de l'impuissance de la chimie pour expliquer l'action thérapeutique de certaines eaux minérales! Voilà une eau qui, chimiquement parlant, n'a
aucune signification, tandis que, sous le rapport médical, elle mérite d'occuper le premier rang! » (*Guide du Dr C. James.*)

génétiques, pour que leur tableau, seulement résumé, remplisse près de dix pages in-8°.

A la suite de ce tableau, M. le D' Pérutz expose, en l'accompagnant d'observations, la série des affections nombreuses et variées qui guérissent à Tœplitz, et chaque fois il démontre facilement la similitude entre les effets physiologiques et l'action curative des sources.

1. Ainsi, diverses *affections chroniques de la peau,* comme le lichen, l'eczéma des bourses ou de l'anus, *l'herpes prœputialis,* le prurigo, le pytyriasis du cuir chevelu, la disposition furonculaire, disparaissent sous l'influence de ces eaux. D'autre part, nous trouvons dans leurs effets pathogénétiques : « Picotements, comme par des aiguilles, dans diverses parties du corps... Eruptions miliaires... Petits furoncles qui suppurent... Eruption de petites élevures sur tout le dos, occasionnant une forte douleur de brûlure... Eruption sur la poitrine, semblable à des vésicules d'eczéma; violente démangeaison... Eruption de vésicules sur le cuir chevelu... Rougeur érysipélateuse avec vésicules à la face... Une éruption écailleuse couvre la moitié gauche de la face... Eruption vésiculaire sur la lèvre supérieure, disparaissant peu de temps après avoir formé des croûtes jaunes; éruption pustuleuse aux coins de la bouche... Démangeaison au périnée avec éruption humide... Vésicules nombreuses sur le gland; elles contiennent une eau claire, elles crèvent le second jour, laissant une plaie qui s'étend et qui guérit le cinquième jour... Eruption pustuleuse, suppurant, sur le gland et le scrotum... Eruption vésiculeuse au niveau des articulations, trois ou quatre bulles qui se crèvent et laissent des ulcères superficiels qui se guérissent spontanément. »

2. Les *affections goutteuses et rhumatismales* sont celles pour lesquelles les eaux de Tœplitz semblent les plus favorables; les pathogénésies du D' Pérutz offrent les plus grandes

variétés de sensations douloureuses dans toutes les parties fibreuses et fibro-séreuses du tronc et des membres, et, en outre, elles signalent des paralysies partielles et des gonflements sensibles au toucher dans le poignet, le cou-de-pied et es articulations des doigts et orteils.

3. Les faiblesses, contractions, engourdissements, paralysies, rapprochés des douleurs si variées que nous venons d'indiquer et qui s'aggravent par les changements de temps, nous les mettons en regard de la vertu incontestée, reconnue par Hufeland et utilisée par les administrations militaires, dont jouissent ces eaux pour modifier favorablement les *suites de blessures* par accident ou par arme à feu (1).

Ont trouvé encore souvent guérison à Tœplitz :

4. La *coxalgie*. — Lisez dans la pathogénésie : « Roideur et immobilité de l'articulation coxo-fémorale. Elancements dans la hanche. Déchirements violents s'étendant de la hanche au genou. Brûlement dans les os de la hanche, plus fort la nuit. Douleur de meurtrissure dans les deux articulations coxo-fémorales. Sensation de percement dans la tête du fémur. Douleur dans la jointure de la hanche : *il semble que la jambe est trop longue ; quand il marche, il lui semble que la tête est hors de sa cavité.* » Est-ce assez de similitude?

5. Les *ostéites et caries*. — On lit : « Douleur intolérable dans l'os de la cuisse avec sentiment de froid. Douleur aiguë dans la cuisse comme s'il y avait un charbon dans l'os. Douleur de rongement dans le tibia, plus forte la nuit. Gonflement de la jambe vers le milieu. Après dix-huit jours le gonflement crève, et la plaie qui en résulte, ainsi que le gonflement de l'os, augmente journellement; en vingt jours guérison. »

6. Les *névralgies variées* et *paralysies locales*. — La pa-

(1) La Prusse, la Saxe et l'Autriche ont à Schonau, près Tœplitz, de vastes hôpitaux militaires.

thogénésie nous en offre diverses formes dans toutes les parties du corps.

7. Les *hémorrhoïdes alternant avec la goutte* ou accompagnées *d'une éruption humide aux parties environnantes.* Cette éruption et les symptômes arthritiques ont déjà été signalés plus haut; nous lisons, en outre, dans cette pathogénésie, à l'article *anus* : « Brûlement dans le rectum avec évacuation visqueuse mélangée de sang. Hémorrhagie par l'anus. Passage d'un mucus blanc et visqueux par l'anus. Hémorrhoïdes douloureuses accompagnées d'un violent brûlement à l'anus. »

8. Après avoir démontré que l'action des thermes de Tœplitz est évidemment *homœopathique quant à son mode*, le D' Pérutz ajoute qu'elle l'est *quant à la dose*, chaque bain contenant au plus *de 1/10 à 4/10 de grain* d'éléments salins susceptibles d'être absorbés.

IV.—Nous ne nous arrêterons pas aux sources de Lippspringe, peu connues hors de l'Allemagne et sur lesquelles M. le D' Bolle a fait néanmoins un travail intéressant et analogue à ceux de MM. Pérutz et Porges (1).

V.—Nous ne citerons pas d'extraits du travail intéressant de notre confrère M. Espanet (2), sur les eaux de Bondonneau (Drôme), parce que son travail est court, clair et peut être facilement consulté par tous nos lecteurs.

Disons seulement qu'il a divisé très-judicieusement les symptômes de la pathogénésie de ces eaux en trois classes, indiquées par des signes particuliers : 1° ceux qui n'ont été observés que chez des personnes saines; 2° ceux qui ont été observés chez ces personnes et aussi chez des malades qui en ont été guéris, ils sont suivis d'un astérisque; 3° ceux que l'on

(1) *Nachrichten über Lippspringe*, von D' Boll. Paderborn, 1855.
(2) *Journal de la Société gallicane*, 2ᵉ série, IV, p. 65.

n'a observés que chez les malades par la guérison. Eh bien ! la seconde catégorie, certainement la plus importante, puisqu'elle vérifie d'une manière incontestable la loi de similitude et la nécessité de l'expérimentation physiologique pure, représente, avec tous les détails suffisants, l'état général et les divers symptômes locaux liés à un développement exagéré des systèmes veineux et lymphatique : la *scrofule* sous toutes ses formes, certaines *chloroses*, des *obstructions viscérales*, des *états cachectiques* dus à des causes variées. Notons que le carbonate de chaux, le chlorure de sodium, l'iode et le brôme sont représentés dans ces eaux d'une action fort énergique.

M. Espanet dit avec raison à la fin de son travail : « Mieux ces eaux sont adaptées à la maladie d'après les principes émis, plus les doses doivent être faibles. C'est la raison pour laquelle nous avons pu, au grand étonnement de quelques personnes, obtenir des guérisons avec un verre, un demi-verre par jour, en mêlant l'eau minérale à du lait ou à l'eau ordinaire. Ces doses faibles ont l'avantage de guérir sans provoquer de symptômes d'irritation ni aucun de ces phénomènes généraux qui fatiguent quelques malades et retardent souvent la guérison. »

VI.—Nous terminerons par quelques mots sur le mémoire que M. le Dʳ Gerson, de Dresde, a publié sur les bains de mer d'Ostende (1) et que nos lecteurs connaissent déjà. D'une part, les observations du Dʳ Gerson ont été bornées par un séjour trop court (deux saisons) à la mer ; d'autre part, une expérimentation de quelques semaines ne peut conduire à déterminer des états diathésiques comme on les conçoit pour représenter l'état scrofuleux et chlorotique auxquels conviennent surtout ces bains. Mais les phénomènes notés par le Dʳ Ger-

(1) *Vierteljahrschrift* (1856, 1ᵉʳ cah., p, 37), trad. du Dʳ Champeaux dans l'*Art médical*, IV, 281.

son nous permettent de saisir le rapport qui unit l'action curative à l'action pathogénésique dans les exemples qui suivent :

Les bains de mer guérissent :	*Les bains de mer produisent :*
Les *paralysies isolées*, conséquences de l'hystérie, d'une fièvre nerveuse, de galactorrhée, blessures. — Les *anesthésies locales*.	Pesanteur et courbature. — Sensation de paralysie, d'engourdissement, fourmillement dans des extrémités isolées.
Accidents hystériques, à formes variées, convulsions, palpitations nerveuses, bourdonnements d'oreilles.	Gaîté alternant avec tristesse et envies de pleurer ; spasmes variés, surexcitation des sens, bourdonnement d'oreilles et dyspnée, tremblement, crampes des mollets, palpitations, retard des règles.
Vertiges nerveux. — Amblyopie, suite des causes épuisantes.	Vertige en marchant, avec sensation d'affaissement du sol, sensation de vertige en s'endormant, comme si le corps était balancé en l'air ou comme si tout tournait en cercle autour. — Etincelles devant les yeux, scotomies.
Névralgies, céphalalgies, hyperesthésies.	Violentes douleurs arrachantes, piquantes, tiraillantes à l'extérieur de la tête, endolorissement de tout le corps, douleurs isolées dans les nerfs.
Certaines gastralgies et gastro-entérites chroniques.	Enduit jaune, brun ou blanc et muqueux de la langue. Répugnance pour les aliments chauds et la viande. Anorexie, soif vive, fréquents renvois à vide, nausées et vomissements, pression et plénitude dans l'estomac et la partie supérieure du ventre.
	Pression et élancement dans la région du foie, tuméfaction considérable du ventre, production de gaz.

	Constipation opiniâtre ou diar-rhée muqueuse sans douleur et groudement dans le ventre.
La faiblesse des fonctions géni-tales et les pollutions.	Pollutions nocturnes, quelque-fois avec excitation ou désirs vé-nériens, quelquefois avec anaphro-disie.

M. le Dr Gerson reconnaît lui-même toute l'insuffisance de son étude; mais il croit, avec raison, avoir ouvert une voie où la science est assurée de puiser désormais des documents utiles et sérieux; c'est dans cette voie que notre travail d'aujourd'hui le suit et voudrait, nous le répétons, entraîner les nombreux praticiens qui exercent auprès des sources miné-rales dont notre vieille Europe, dont notre France surtout est si riche. La tradition, le raisonnement, l'appel à l'observation, l'exemple enfin, nous croyons avoir invoqué les véritables autorités, les seuls arguments scientifiques, à l'appui de notre thèse.

FIN.

PARIS. — IMPRIMERIE POUPART-DAVYL, RUE DU BAC, 30.

www.ingramcontent.com/pod-product-compliance
Ingram Content Group UK Ltd.
Pitfield, Milton Keynes, MK11 3LW, UK
UKHW020053100726
13658UKWH00004B/1739